"绿宝瓶"科普系列丛书

新能源卷

丛书主编◎郭曰方
执行主编◎凌　晨

水能无眼

马之恒◎著
侯孟明德◎插图

山西出版传媒集团
山西教育出版社

图书在版编目（CIP）数据

水能无限 / 马之恒著. — 太原：山西教育出版社，
2021.1

（"绿宝瓶"科普系列丛书 / 郭曰方主编. 新能源
卷）

ISBN 978 - 7 - 5703 - 0027 - 3

Ⅰ. ①水… Ⅱ. ①马… Ⅲ. ①水能—青少年读物
Ⅳ. ①TK71 - 49

中国版本图书馆 CIP 数据核字（2021）第 011595 号

水能无限

SHUINENG WUXIAN

策　　划	彭琼梅	
责任编辑	裴　斐	
复　　审	韩德平	
终　　审	彭琼梅	
装帧设计	孟庆媛	
印装监制	蔡　洁	
出版发行	山西出版传媒集团·山西教育出版社	
	（太原市水西门街馒头巷 7 号　电话：0351-4729801　邮编：030002）	
印　　装	山西聚德汇印务有限公司	
开　　本	787 mm × 1092 mm　1/16	
印　　张	6	
字　　数	134 千字	
版　　次	2021 年 3 月第 1 版　2021 年 3 月山西第 1 次印刷	
印　　数	1 - 5 000 册	
书　　号	ISBN　978 - 7 - 5703 - 0027 - 3	
定　　价	28.00 元	

如发现印装质量问题，影响阅读，请与山西教育出版社联系调换。电话：0351-4729718

目录

新能源 新未来

同学们，你们知道吗？我们的人类社会能够正常运转，离不开能源。可以说，能源是维持我们生活非常重要的物质基础之一，攸关国计民生和国家安全。

在过去，煤炭虽然为我们的生活做出了巨大贡献，但是也给我们的生存环境造成了极大的污染。目前，我国能源消费总量居世界第一，但总体上煤炭消费比重仍然偏高，清洁能源比重偏低。全世界都在积极地寻找对环境影响比较小的清洁能源，我们的国家怎么能落后呢？所以，我国的科学家也在努力地开发新能源，以还一个碧水蓝天的世界给我们。

新能源属于清洁能源，开发利用不会污染环境，并且能够循环使用，对降低二氧化碳排放强度和污染物排放水平有重要作用，也是建设美丽中国、低碳生活的关键。这套"绿宝瓶"丛书，正是从节约能源的角度，介绍近年来新能源的开发和利用，包括太阳能、风能、水能、核能、生物质能、燃料电池（氢能）等，比较全面和系统。

近年来，我国新能源的开发利用规模扩大得非常快，水电、风电、光伏发电累计装机容量均居世界首位，核电装机容量居世界第二，在建核电装机容量世界第一。即便如此，我们也不能骄傲，我们与习近平总书记提出的"二氧化碳排放力争于2030年前达到峰值，努力争取2060年前实现碳中和"这个目标要求仍有很大差距。为了达到这个目标，我们的政府积极制定了很多措施，要在供给侧坚持高碳能源清洁化，清洁能源规模化，还要在需求侧坚持节约能源，不仅仅要在工业、交通、运输、建筑、公共机构等高耗能领域推广节能理念，采用节能技术，更要推动可再生能源等替代化石能源。

同学们，你们是国家的未来，相信你们在读完这套丛书之后能更好地了解新能源知识，并且为把我国建设得更加美丽而身体力行。

加油！

国家能源集团低碳研究院　庞柒

水虽很柔软，但它有时有着巨大的破坏力。

船能够在河流中行驶，是因为水有浮力，可将船托住。但河水汹涌时，湍急的河水有时能将一条船掀翻。

你听说过泰坦尼克号的故事吗？ 它是 20 世纪初英国建造的一艘超级邮轮，体积在当时世界上排名第一，内部设施超级豪华，而且使用了很多当时的新技术，号称"永不沉没"。但不幸的是，泰坦尼克号第一次航行就出了事。那是 1912 年 4 月 14 日的深夜，航行在大西洋上的泰坦尼克号与一座冰山迎面相撞，造成船右舷船艏至船中部破裂，五间水密舱进水。海水无情地撕扯着这艘大船，到第二天凌晨，离泰坦尼克号撞击冰山还不到 3 个小时，船体就再也经受不住海水的力量，彻底断开，沉入海底 3700 米处。船上来不及撤离的 1500 多人在冰冷的海水中丧生。

在茫茫大海面前，"永不沉没"的泰坦尼克号如同玩具，最终被海水拖入海底。直到1985年，船体残骸才被发现，发现时船体残骸已经锈迹斑斑，面目全非了。

泰坦尼克号

泰坦尼克号遗骸

洪水的力量也很大，它可以推倒房子、掀翻汽车、摧毁桥梁和堤坝。我国南方多雨，几乎每年都要遭受洪水和雨涝灾害。在历史上，我国从公元前206年到1949年，总共2155年的时间中，发生过较大洪水1092次，平均每两年就会发生一次大水灾。

不少人记得 1998 特大洪水。1998 年长江发生了自 1954 年以来的又一次全流域性大洪水；嫩江、松花江洪水同样是 150 年来最严重的全流域特大洪水。

江西、湖南、湖北、黑龙江等 29 个省（区、市）都遭受了不同程度的洪涝灾害，受灾面积 3.18 亿亩，受灾人口 2.23 亿人。当时全国总人口 12.48 亿人，相当于每 6 人中就有 1 人受灾！4150 人不幸死亡，685 万间房屋倒塌。

这真是一场可怕的灾难。

当时的长江上，大洪水形成的洪峰一个又一个汹涌奔来，给沿岸城市造成巨大压力。

人们至今还能记起那些守护长江大堤的解放军，是他们用年轻的身躯挡住了企图冲垮河堤的洪水！

人类文明史就是一部宏大的治水史。我们的祖先大禹就是一位治水英雄！

蠹鱼字典

积水与洪涝

　　下大雨的时候,雨水来得又多又急,无法短时间渗透进泥土里。很快雨水就在地上积成了一个水洼,水洼越来越大,变成了一个大水坑。这就是"涝",意思是积水太多水排不出去。

　　洪和涝经常联系在一起,合称为洪涝。洪水不仅是积水,而且是发大水,一般都是江河湖泊的水量突然增加,水面上涨淹过了堤岸造成的。连续下了好多天的大雨、冰雪大面积融化、风暴潮等都可能带来洪水,山区暴发洪水就是山洪。洪水可是大灾难!

洪水

城市雨涝

6

大禹治水

  大禹治水的故事，是我国古代的神话传说之一。在4000多年前，黄河流域洪水泛滥，当时的部落联盟首领尧就命令鲧去治理黄河。鲧采取"水来土挡"的方法治水，很快把水堵住了。结果大家可以想象，水排不出去就形成了涝，于是周围的村庄都被淹了，鲧治水失败，尧的继承者舜解除了鲧的职务。那谁还能治水呢？鲧的儿子禹接过了治水的重任。

  禹带着尺、绳等测量工具到各地调查，考察山脉和河流，为的是寻找最好的治水方法。他发现黄河河道堆积了很多淤泥，而且河道上必经的龙门山口过于狭窄，这些因素都造成了黄河流水不畅，不利于洪水通过。于是禹抛弃了父亲鲧采取的"堵"的治水方法，决定采取"疏"的方法，疏通河道，拓宽峡口，让洪水能更快地通过。

大禹治水

水那么厉害，就不能让它多做点儿好事？
当然能！

聪明的人类怎么可能让水白白流走，一定要让水为人类做点事情！**什么事情呢？就是这本书里要讲的，让水发电！**

流动的水具有动能；水从高处奔腾而下，具有势能；水对接触面会产生压力能。如果将这些能量收集起来并加以利用，就是最清洁的能源。

而且，地球上的水仍在无时无刻地循环着，这就意味着水能是不会枯竭的，是一种可以再生的能源。

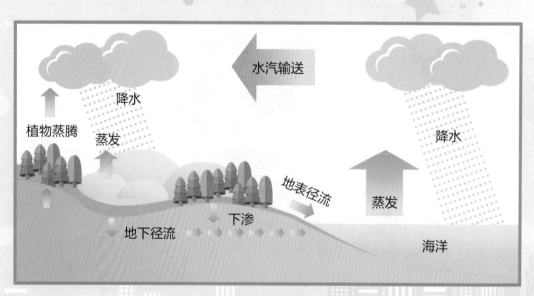

水循环示意图

地球上到底有多少水?

大家都知道,地球表面 71% 被水覆盖,是我们已知星球中唯一有液态水存在的星球。

水以液态、固态和气态三种形式存在于地球表面、地下以及大气中,总水量有 13.86 亿立方千米!

这些水包含着巨大能量,怎样为我们所用?

这简直就是个天文数字。

我们的祖先很早就认识到水的威力,也想方设法把这种威力用到生产和生活中。但是,由于当时的科学技术水平比较落后,水的力量没有得到充分的发挥。

现在，修筑大坝建水力发电厂，将水的势能和动能转换成电能，经过输电设备把电运送到工厂和居民区。

水不再白白流淌，而是每时每刻都在为人类服务，保障我们的生活。

水力发电从诞生到现在，还不到两百年的时间。在科技日新月异的今天，你可能觉得水力发电已经是老旧技术。这本书就是要告诉你，水电的"新鲜"从未丧失。而且，我们对清洁能源的需求越来越大，水电不但不会消失，还会保持蓬勃向上的劲头儿，成为人类能源的最佳"供应商"。

在这本书里，我们会介绍水能做了哪些了不起的事情。学习后或许你还会想到利用水能的新方法。

打开水龙头，水就会流出来，柔软无形。然而，**滴水能穿石，水流形成大江大河后，连地貌都能改变。**

许多江河的卫星照片显示出了这种改变。大江大河像巨龙一样蜿蜒流淌，在大地上蚀刻出深深的峡谷。

河流入海口的景象尤其壮观，大量的河水在入海口减慢了流动的速度，水中携带的泥沙也就沉淀下来，形成了**河口的三角洲。**

有些时候，三角洲会被几条河道切割，在卫星照片上看就像一片被撕扯开的树叶。

水的威力可想而知。

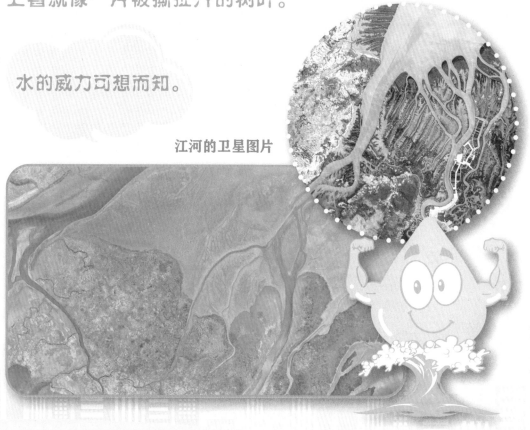

江河的卫星图片

我们的祖先很早就意识到水具有力量。他们制作了各种器具，想尽可能地利用这种大自然的力量。

我国的历史文献中记载，早在东汉时期就出现了水车。

水车是一种用来提水灌溉农田的工具，它的车轴支撑着木辐条，组成轮状的结构。每根辐条的顶端都带有一个刮板和一个水斗，分别起到刮水和装水的作用。河水冲来，缓慢地推动着水车转动，一个个水斗就装满了河水，并且被水的力量提升起来，当水斗被提升到顶后，就会因为重力的作用自然倾斜。这样，水流进"渡槽"，在重力的作用下继续流淌，最后到达需要灌溉的农田。

水车模型和示意图

14

有些水车的后面连接着复杂的机械。水车实际上发挥着"水力站"的作用，直接运用水的动能和势能来驱动机械运转。

北京朝阳区有个地名叫"水碓子"。"碓"和"对"同音，是舂米的一种工具。"水碓子"的意思是，这里曾经有个工坊，专门用水推动碓子，给稻谷脱壳。**水成为工坊重要的免费能源。**

水碓在我国西汉时期就已经出现了。水碓的工作原理是由水流冲动立式水轮，轮轴上的短横木就会拨动碓梢，促使碓头一起一落进行舂捣。用水碓加工稻谷等粮食，节省了许多劳力，所以人们在溪流、江河的岸边，根据水势大小设置合适的水碓，设置两个以上的叫连机碓，最常用的是设置四个碓。《天工开物》这本古代的工程书中绘制有一个水轮带动四个碓的图片。

水碓不仅用来加工粮食，还可以用来捣碎一些东西，比如药物、香料、矿石、竹篾纸浆等。

除了水碓，古代社会常用的水能机械还有水排和水磨。利用水能推动机械，不仅大大提高了工作效率，而且节约了人力。

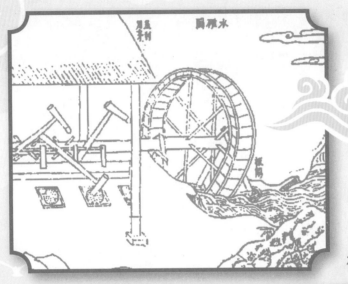

水碓

世界上很多地方都有通过传动装置连接在水车后面、用水力驱动的磨。

在欧洲的一些村镇，由于河岸边适合安装水车的地方已经被占得差不多了，有些水车不得不转移到了河里。

在这些地方，人们建造了一种特殊的船，它的两侧有巨大的水车，猛一看好像是老电影里的蒸汽明轮船，但实际上，这对水车是船上磨坊的动力来源。

这种船会在靠近河岸的地方下锚，河水就会推动水车旋转，让船上的石磨转动起来。岸上的人驱赶着牲畜走过跳板，把需要加工的粮食运上船，再把加工好的粮食运回岸上。

磨坊船

↑ 水本身蕴含的能量还可以用来抽水。

　　热气球的发明者之一，法国人约瑟夫－米歇尔·蒙哥尔费注意到了这种利用水能的方式，在 1792 年发明了水锤泵。

　　水锤泵可以将流水蕴含的能量转化为提升一部分水的动力。

　　直到今天，这种不需要额外输入能源的水泵，仍然被世界各地的人们所使用。**特别是在一些缺乏电能或者不方便输电的地区，它几乎是高效抽水的唯一选择。**

◄◄◄ 想看更多让孩子着迷的科普小知识吗？
★ 活泼生动的科技能源百科
★ 有趣易懂的科普小知识

微信扫码

前面介绍了大禹治水，我们知道这一英雄壮举开启了祖先治理河流的伟大事业。

治理的目的一方面是杜绝江河湖泊发洪水，淹没田地和村庄；另一方面是能有更充沛的水用来浇灌农田。

大家都知道，我们国家是个农业大国，**所以利用水做的第一件事情，当然是灌溉农田了。**

带着大禹提出的"因势利导"的智慧思想，我们的祖先修建了许多水利工程。

这些工程中，位于四川成都郊外的都江堰是经典代表，它不仅是世界文化遗产，还是世界灌溉工程遗产，被誉为"世界水利文化的鼻祖"。

都江堰位于四川省成都市所属的都江堰市城西，坐落在成都平原西部的岷江上。约公元前256到前251年间，秦国蜀郡太守李冰父子在前人鳖灵开凿的基础上，组织当地百姓修建了一个大型水利工程，由分水鱼嘴、宝瓶口、飞沙堰等部分组成，这就是都江堰。

为什么要修筑都江堰呢？

岷江是长江的一条重要支流，它来自四川西部的崇山峻岭中。夏季，充沛的雨水从山区倾注而下，流入岷江。岷江水位会突然上涨，水势迅猛湍急，这就对地势较低的成都平原构成了威胁。岷江一发洪水，成都平原就会成为一片汪洋。但如果岷江缺水，成都平原又会遭遇旱灾，颗粒无收，住在这里的老百姓真是苦不堪言。

都江堰建好并投入使用后，岷江不再发洪水，也不再有缺水的情况发生。

都江堰的分水鱼嘴和宝瓶口联合运用，能按照灌溉、防洪的需要，分配水的流量。

于是，成都平原渐渐有了成片的良田，连年丰收，百姓再也不为水灾和旱灾烦恼，成都平原因此被誉为"天府之国"，成为适宜居住的富庶之地。

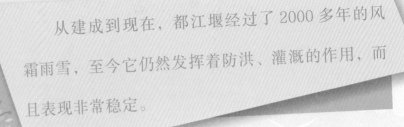

从建成到现在，都江堰经过了2000多年的风霜雨雪，至今它仍然发挥着防洪、灌溉的作用，而且表现非常稳定。

现在，都江堰的灌区覆盖了包括成都在内的30多个县市，是全世界迄今为止年代最久、唯一留存、仍在一直使用、以无坝引水为特征的宏大水利工程。

都江堰不仅是中国的，更是全人类的骄傲。

如果我们在都江堰上加一个发电站，那不就能更好地利用岷江了！古人不懂水能发电，现代人当然不会错过岷江这样的优质水资源。岷江上有很多座水电站，距离都江堰市约9千米处就有

一座紫坪铺水电站，它是紫坪铺水利枢纽工程的一部分，也是都江堰灌区的水源调节工程，是成都平原的防洪屏障。

下一章，我们就来介绍水电站是怎么回事儿。

人类在很早就发现大自然中有电的存在，但逐渐认识到电的本质，并且能够人工制电，到现在还不足两百年。

说到电就不得不说到英国科学家法拉第。1831年，法拉第发现了电磁感应原理：当磁场的磁力线发生变化时，在其周围的导线中就会感应产生电流。

通俗地讲，就是变化的磁场会产生电流。法拉第相信，有了这个原理，就能够制造出实用的发电机。

法拉第

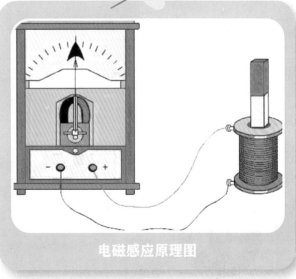

电磁感应原理图

1831年或1832年，根据电磁感应原理，法拉第制造出一个能产生电流的实验装置"法拉第盘"。

1832 年，法国人毕克西制成了结构更完善的发电机。他将用导线线圈包绕的铁芯，放置在可以旋转的 U 形磁铁附近。磁铁旋转的时候，每当它的南北两极经过线圈，就会产生脉冲电流。

摇动手轮旋转磁铁时，磁场就会发生变化，于是线圈导线中就能产生电流。

毕克西的发明在社会上引起了轰动，整个科学界都把注意力集中到了发电机上。

1866 年，英国人王尔德和德国人西门子分别独立地发明了自励式发电机；1868 年，旅居法国巴黎的比利时发明家格拉姆对直流发电机做了一些改进。大约到 1871 年，经他改进的发电机已经能产生满足工业所需的电能。1873 年，他又发现发电机具有可逆性，能够转化为高效率的电动机。这便是人类电气革命的起点。**1882 年，英国人戈登制造出了第一台可以为工业生产所用的两相式交流发电机。**

发电机原型机模型

早期的发电机

千瓦、千瓦时，傻傻分不清

瓦特是国际单位制的功率单位，是以对蒸汽机发展做出重大贡献的英国科学家詹姆斯·瓦特的名字来命名的。人们常用功率单位乘以时间单位表示能量。千瓦(符号为kW)，是电的功率单位。在电学上，1千瓦时即为功率为1千瓦的电器在使用一个小时后所消耗的能量，1千瓦时即1度。

这一时期，电动机也在完善和普及，**电力开始用于带动机器，成为补充和取代蒸汽动力的新能源。电能比蒸汽动力更为灵活，电灯、电车和电动工具如雨后春笋般地涌现出来。**

但是，由于发电站和终端用户之间有一定的距离，所以要想充分地应用电力，必须解决如何远距离输送电的问题。

1882年，法国人德普勒与德国人冯·米勒合作，搭建了第一条远距离输电线路。

1886 年，美国人威斯汀豪斯开始构建交流输电系统，并以高压输电降低损耗。输电系统开始有今天的样子了。

电力在工业和生活中得到了越来越广泛的应用。人类历史从"蒸汽时代"逐渐进入"电气时代"，人类文明因此开始突飞猛进地成长。

科学家们意识到，水的力量既然能够驱动机械，也自然能够用来发电；水能价格低廉，且取之不竭，水力发电的性价比会非常高。早在 1878 年，英国就出现了为别墅供电的微型水电站。

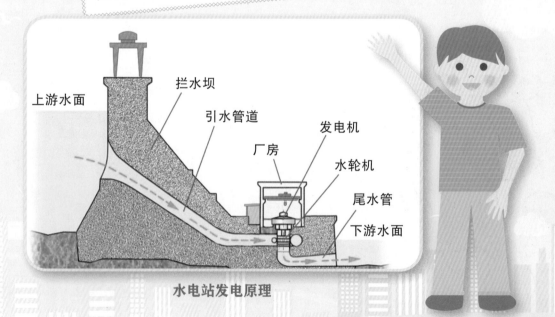

上游水面

拦水坝

引水管道

发电机

厂房

水轮机

尾水管

下游水面

水电站发电原理

在美国英语中，"水电站"在正式场合往往被称为"water power project"，而不是看起来更直接的"water power station"，这是为了把投入工业化生产、可以为城市供电的大型水电站与带有技术验证性质的早期小型水电站区别开来。

1895年，美国建成了亚当斯水电站，它利用尼亚加拉大瀑布的水能，为水电站周边地区的居民点，以及数十千米外的工业城市布法罗（水牛城）供电。**这座水电站和配套的高压输电系统，被认为是水电走向实用的起点。**

亚当斯水电站

水力发电的原理非常简单，那就是"水往低处流"。

27

水的落差在重力作用下会包含巨大的势能和动能，因此，利用水的压力或者流速冲击水轮机，推动它旋转，就能将水能转化为机械能，然后由水轮机带动发电机旋转，使机械能转化为电能。

那些通过水轮机流到低处的水，会因阳光照射温度升高，变成水蒸气后最终进入地球的水循环。

水能是不会产生污染的能源，也是取之不竭的能源。水电站不像火电站那样消耗燃料，所以称得上是廉价的能源。

虽然水电站的建设和建成之后的工作效率，会受气候、水文条件和地质条件的影响，但它仍然以巨大的优势成为世界上主要的电能来源之一。

修建水电站往往意味着要兴建水库。所以，水电站不仅产生电能，它所附带的水库还会产生防洪、灌溉、航运、养殖、旅游等综合经济效益。世界上工业发达的国家普遍重视水电的开发和利用。有些发展中国家同样大力开发水电，以加快经济发展的速度。即使在拥有丰富的煤炭、石油、天然气资源的国家里，水电开发也会占据很大的比重。

我们知道，如果说清洁而且充足的空气、水和食品是维持人类生存的基础，那么稳定的电能供应，就是维系现代文明的关键。

自从人类进入电气时代，电能就已经是人类社会中不可或缺的一种资源，水电又是电能供给体系中不可或缺的一环。

为什么我们要大力发展水电？

这是因为，水电是一种典型的可再生能源。

相比之下，使用水力发电不会产生碳排放，而且水资源不会枯竭。不仅如此，现代水利工程往往会将水电与防洪、航运、抗旱补水等需求综合考虑，进行整体规划开发，这就会产生可观的经济效益和社会效益。

曾经有人估算，以人类目前的技术水平，全球水能资源的技术可开发量为 15.8 万亿千瓦时，目前的开发程度大约为 25%。因此可以说，未来在全世界范围内，水电的发展空间依然巨大，亚洲、非洲、南美洲将是今后水电建设的重点"战场"。

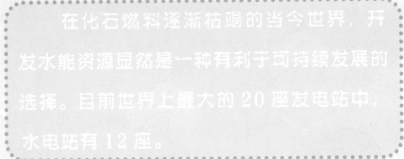

在化石燃料逐渐枯竭的当今世界，开发水能资源显然是一种有利于可持续发展的选择。目前世界上最大的 20 座发电站中，水电站有 12 座。

我国是煤炭大国，煤炭资源丰富，但分布不均；石油资源相对贫乏，因此我国拥有了自主建造大型水电站的能力之后，就非常重视水电的发展。

2017 年，我国的水电装机容量和发电量分别达到 33211 万千瓦和 10518.40 亿千瓦时，稳居世界第一。

在世界排名前 20 位的水电站中，我国所占份额超过了一半，有 11 座，达到了惊人的程度。

令人难以想象的是，如此辉煌的中国水电竟然只有 100 多年的历史。

微信扫码

◀◀◀ 想看更多让孩子着迷的科普小知识吗？
★ 活泼生动的科技能源百科
★ 有趣易懂的科普小知识

我国第一座水电站诞生在 1908 年，也就是清光绪三十四年，地点在偏远的云南，它就是连续运转至今的百年水电站——石龙坝水电站。当时，昆明的商人为修建石龙坝水电站进行集资，通过自行开发的方式，反抗帝国主义国家对我国水能资源的控制。募得充足资金之后，1910 年电站工程开工。1912 年，两台 240 千瓦的水轮发电机组安装完成并开始发电。后来，这座水电站陆续进行了 7 次扩建，最终在 1958 年达到了装机容量 6000 千瓦的规模，而且现在仍然正常使用。

石龙坝水电站外形

石龙坝水电站纪念碑

石龙坝水电站
使用的机器

不幸的是，从1911年清朝灭亡到1949年新中国成立，我国战祸不断，老百姓连太平日子都没有，更别说修水电站发电了。连年战乱拖慢了水电发展的速度。在新中国成立之初，全国水电装机容量仅为36万千瓦，年发电量为18亿千瓦时。

新中国成立之后，水电建设翻开了新的篇章。

1957年4月开工的新安江水电站，是我国自行设计、自制设备、自主建设的第一座大型水力发电站。

1958年9月，我国第一座百万千瓦级的水电站——位于黄河上游的刘家峡水电站在甘肃开工建设。1975年，水电站竣工，它的总装机容量高达122.5万千瓦，成为我国水电发展历史上的重要里程碑。

刘家峡水电站

此后，我国又陆续建成了一批大型水电站，积累了丰富的工程技术经验。这才有了现在的三峡水电站、拉西瓦水电站、小湾水电站、乌东德水电站、白鹤滩水电站等超大型水电站。

装机容量最大的水电站就是我们熟悉的三峡水电站。

蠢鱼字典

土豆发电

水能发电，靠的是水能中的机械能转化为电能。科学家们还发现，其实很多东西都可以发电。

如果你手边有土豆，就可以做一个简易的"土豆发电机"，发出的电流可以点亮灯泡。你不相信吗？那就赶紧找个土豆试试吧。据测试，一个土豆就足够为一个房间的 LED 灯泡提供 40 天的电能。这对没有电网覆盖的偏远山区或者穷困地区来说，是个好方法，这种方法不仅成本低廉，而且操作很简单。

在土豆的两端分别插上铜钉和镀锌钉，钉子之间用电线连接，装上开关和灯泡，一个土豆灯就做好了。土豆内部的酸性物质会与锌和铜发生化学反应，形成电流。每个土豆能产生大约 0.5 伏特的电压，0.2 毫安的电流，所以要选择合适的灯泡。

不仅土豆可以用来做发电机，苹果和西红柿同样也能产生电流。

1956 年，毛泽东在畅游长江之后，联想到三峡将来建设水利工程时的情景，便在他的名篇《水调歌头·游泳》中写道："更立西江石壁，截断巫山云雨，高峡出平湖。神女应无恙，当惊世界殊。"

三峡在哪里?

长江自青海起源，蜿蜒向东奔流，到重庆附近时，两岸山峦起伏。从重庆奉节县白帝城，就是李白诗中"朝辞白帝彩云间"的那个白帝城，到湖北宜昌市南津关，长江经过了 193 千米的峡谷。这段峡谷自西向东依次为瞿塘峡、巫峡和西陵峡，因奇峰不断，美景连绵而闻名于世，就是著名的三峡。"长江三峡——夔门"成为第五套人民币中 10 元纸币的图案。

壮丽三峡

人民币上的三峡美景

举世闻名的三峡工程，就建在三峡最东端的西陵峡，全称为长江三峡水利枢纽工程。

工程主要由大坝、电站厂房和通航建筑物三部分组成。

雄伟的拦河大坝为混凝土重力坝，坝长约2300米，高约185米。自三峡工程开始发电，截止到2018年12月21日8时25分21秒，在充分发挥防洪、航运、水资源利用等巨大综合效益的前提下，三峡电站累计生产了1000亿千瓦时绿色电能。

三峡工程非常了不起。

三峡工程

早在我国发展水电的萌芽时期，开发长江三峡的水能便是人们的梦想。

但在当时，缺乏这样的工程技术，即使是发达的工业强国，也无力截断长江，实施如此巨大的水利工程。

新中国成立之初，毛泽东就希望在三峡修建起超大规模的水利工程，管住洪水的"总口子"，彻底解决长江水患。

1970 年，作为三峡总体工程一部分的葛洲坝工程上马修建。葛洲坝工程位于三峡工程下游大约 38 千米处，是长江干流上的第一座大型水电站。

葛洲坝工程的修建提高了我国水电建设的科学技术水平，培养和锻炼了一支高素质的水电建设队伍，为三峡水利枢纽工程建设积累了宝贵的经验。

葛洲坝工程

20 世纪 80 年代，中国水利工程实力的跃升，特别是葛洲坝电站的顺利投产，将建设长江三峡工程提上了国务院的议事日程。经历了多次科学论证后，终于拉开了建设这座巨型水电站的帷幕！

1997 年 11 月 8 日，长江三峡工程完成了第一个重要的里程碑——大江截流。

早在大江截流之前的 16 年，也就是修建葛洲坝工程的时候，我国就已经掌握了截断长江的所有关键技术。当年的截流工程用时 26 小时 23 分，而长江三峡截流仅用了 6 小时 30 分，被誉为水利史上的"闪电战"！

三峡工程早已超出了传统意义上"水电站"的概念，是一个关联了很多领域的庞大水利枢纽工程。三峡工程的竣工意味着将长江一部分江段的水位人为提高，永久性地改变了两岸的地理环境。

三峡工程巨大的库容所提供的调蓄能力，可以使下游的荆江地区抵御百年一遇的特大洪水。

三峡蓄水带来的水位提升和水面扩增改善了上游江段的通航能力，在丰水季节甚至可以使万吨级的轮船从长江口直抵重庆！从此"高峡出平湖"，危峡变坦途。

在修建三峡工程的同时，我国政府还妥善地将水库库区的120万百姓迁移他乡，这样的移民规模也是独一无二的奇迹。

三峡水电站的机组布置在大坝的后侧，最初的设计包括26台70万千瓦的水轮发电机组，左岸14台，右岸12台。建设过程中，右岸大坝"白石尖"的山体被凿空，建造了地下电站，安装了6台同样规格的水轮发电机组。加上电站自身的2台5万千瓦的发电机组，整个三峡工程的总装机容量，达到了惊人的2250万千瓦。

目前世界上第二大水电站位于南美洲，是巴西与巴拉圭合作修建的伊泰普水电站。不过，它只有 20 台 70 万千瓦的水轮发电机组，产能远远小于三峡。

经过 10 多年的修建，三峡工程在 2003 年 6 月 1 日下午开始蓄水发电，边发电边建设，在 2009 年全部完工。2012 年 7 月 4 日，三峡工程的最后一台发电机组投产，这意味着它拥有了当初设计的全部产能。

三峡工程拥有世界上规模最大的五级船闸。巨大的轮船也能"上台阶"，你想不到吧？

这个船闸全长 6.4 千米，其中船闸主体部分 1.6 千米，引航道 4.8 千米。

船舶依次进入一级级船闸，被提升到相当于 40 层楼的高度，这样就能翻越三峡大坝了。

这座震惊世界的巨型船闸，能容纳排水量为 12000 吨的巨轮！

修筑三峡工程

三峡船闸

三峡工程的成功，造福了它所在的湖北宜昌。

葛洲坝的兴建使宜昌实现了由小城市向中等城市的转变；而三峡工程的竣工和由此产生的巨大经济效益，使宜昌完成了由中等城市向大城市的跨越。

可以说，宜昌是一座因为水电而兴起的城市！

42

宜昌

水力发电已经走过了100多年的历史，为千千万万的人带来了清洁、绿色的能源。

三峡水利枢纽被认为是人类水利水电工程的奇迹。

随着三峡工程的建成并投入使用，曾经长期困扰中华民族的长江水患得以缓解；水力发电产生的能源，以及水力调蓄功能对河道航运能力的改善，**正在使国计民生深受其利。**

2016年9月，三峡工程的"收官之作"三峡升船机投入试通航。这个目前全世界最大的升船机系统，标志着中国人规划和修建三峡工程的漫长征程终于走到了终点。

我们为什么要付出巨大的成本，运用国家在水利工程领域最为顶尖的技术，把流淌的长江用巨大的水坝拦腰截断，历尽艰辛修建三峡工程？

想要弄清这个问题，我们就需要溯源，回望长江与居住在长江流域的人们之间的因缘。

长江是中国的母亲河。但在中华文明所经历的漫长时间里，这条大河的自然状态也在不断地演变。历代文献记载，在过去的大约 2000 年间，长江每过 10 年左右，就要发生一次大洪水。在生产力和水利知识都非常有限的古代，每一次洪水都会造成千万人民生命财产的损失。

早在 1919 年，孙中山就提议在长江三峡修建某种巨型水利工程，以减轻长江的水患，并提供改善航运和发电的可能性。

受制于当时中国的经济和科技实力，以及此后动荡的时局，他的构想只能被束之高阁。

直到 20 世纪后期，三峡工程才在逐渐富强的新中国成为现实。 当三峡工程在 2009 年完成主体部分的时候，距离孙中山提出这一构想，已经过去了 90 年的时间。

我们修建三峡工程并不是为了"驯服长江"，将人类科技的力量凌驾于自然规律之上。根据前人在水利领域的诸多经验，努力寻找人与长江和谐共处的方法，同时使长江蕴含的诸多资源为我们所用，这才是修建三峡工程的重要意义。

不断流淌的长江，潜移默化地影响着沿岸的地貌；每一次洪涝灾害，在伤及人类社会的同时，也改变了灾区曾经"原生态"的环境。

所以，试图用技术完全驯服自然，或为了保持绝对的"原生态"而不敢有所作为，都是片面的。

三峡工程的价值，不仅是利用水能发电，而且是在防洪这个前提下，对长江蕴含的资源进行综合开发。

从 1986 年开始，我国就组织了 400 多位有资质的专家论证与三峡工程建设有关的种种问题，最终确认这项工程同时有助于防洪、水能发电和提升航运能力，这为修建规模宏大的三峡工程奠定了基础。

长江发生洪灾之后的景象

长江发源于我国青藏高原，到上海市郊的崇明岛东注入东海。从源头到入海口，这条长约6300千米的大河，总落差大约是5360米。

每一年，长江注入大海的水量大约为9500亿立方米，而在三峡工程所处的区域，江水的流量大约是每年4500亿立方米。三峡大坝的预备蓄水高度为175米。

三峡大坝竣工后，在很大程度上改变了长江的水文特征。

大坝形成水库的总容量为393亿立方米，与长江的水量相比尽管只是一个零头，但足以让三峡水库成为全国最大的水库，并将人与长江的关系带进了一个新时代。

46

在三峡水库393亿立方米的总容量里，有221.5亿立方米是预留的防洪库容。

这样设计可使洪峰"暂存"在水库里，其威力会被大幅削弱，从而降低水库下游的防洪压力。

三峡工程带来的水位改变，也让长江拥有了更多适合航运的水道。

三峡工程建成以前，从重庆市到三峡工程所在地湖北省宜昌市的这一段河道，是江水从山石中切割出来的狭促河谷，并不能通行大型轮船。

三峡工程建成以后，一些溯江而上的轮船，可以根据吨位不同，分别利用船闸系统或者升降机翻越三峡大坝，继续航行抵达重庆，从而避免货物经由陆路转运的麻烦，这样产生了良好的经济效益。

三峡上的船舶过闸

长江蕴含的强大水能，也借由三峡大坝被开发出来了。前文提到，三峡水电站的总装机容量为2250万千瓦，它不仅是全世界最大的水电站，也是全世界最大的电站。

由长江水能转化而来的电能，是没有碳排放的清洁能源。

三峡工程还有一项不易被人们想到的价值，就是能够改变水资源在一年里不同时间的分布情况。

中国的人口约占全球总人口的20%，但拥有的水资源只有2.8万亿立方米，是一个非常缺水的国家，平均到每个人就更低了。

三峡工程可以把一部分长江水储存起来，成为缺水季节里的宝贵资源。

无论是满足人们生活和工农业的用水需求，还是维系长江航运的正常运转，三峡水库里的水都弥足珍贵。

凭着修建三峡工程的经验，我国加大了开发水电工程的力度，而且综合考虑整个流域的总体情况。

每个水电站不再是孤立的，它们对周边居民乃至自然环境和动植物生存的影响，都会被纳入水电站的规划内容。

在优先发展大江大河水电的基础上，今天的中国已经形成了 13 处大规模水电基地。它们不仅推进了中国水力资源的开发和合理利用，也有助于让更多的人用上清洁的电能。

49

长江流域的独特动物

三峡工程拦住了长江，会不会影响长江流域的生态环境，进一步影响那些千百年来居住在长江中的"原住民"？这个问题曾经令很多环保人士不安。

三峡工程确实对环境产生了影响，但这些影响利大于弊，结果是使整个生态系统达到新的平衡状态。

那么，长江流域有哪些"原住民"，它们只在此江住，他处绝无踪呢？

最老的"原住民"当然是白鳍豚，2500万年前它便定居长江，秦汉时期的《尔雅》辞书中就有记载。白鳍豚是淡水豚，仅生活在长江中下游，被称为"长江女神"。我国于1987年在湖北石首长江天鹅洲故道建立白鳍豚半自然保护区，以维护白鳍豚的生存环境。然而，由于生存环境破坏严重，数量稀少的白鳍豚在自然状态下基本丧失了维持繁殖的能力，2007年白鳍豚被宣布"功能性灭绝"。

白鳍豚

江豚

生活在长江中的淡水鲸类还有一种，就是江豚，目前仅存一千多头，被视为中国的"水生大熊猫"。古人把白鳍豚称为白豚，称江豚为黑豚。江豚的头部圆圆的，样子有点呆萌，又被称为"长江上的微笑天使"。江豚现在的数量并不多，据估计，从长江水系中游到下游的漫长水域中，平均每3.75千米才有一头江豚生存。这是一种我们要特别关注的珍稀动物。

长江中还生活着一种很古老的鱼，就是中华鲟。鲟鱼是比较原始的鱼类，最早一批鲟鱼出现于白垩纪（距今1.45亿～6500万年前）。我国特有的中华鲟就属于历史悠久的鲟鱼家族，被认为是鱼类中的"活化石"。中华鲟是一种大型的溯河洄游性鱼类，属国家一级保护鱼类。中华鲟在海洋里生长，黄海、东海和南海北部都可见到，成熟后会回到江河内繁殖。修建葛洲坝截流长江后，中华鲟无法上溯到四川境内繁殖。于是，长江葛洲坝中华鲟研究所开展了中华鲟人工繁殖育苗研究，进行增殖放流，在葛洲坝下游形成了新的中华鲟产卵场。现在，每年都有中华鲟在那里进行自然繁殖。

另一种长江独有的鱼类是有"淡水鱼之王"之称的长江白鲟，它在2005～2010年间灭绝。

中国邮政 CHINA
白鲟 *Psephurus gladius*
50分
1994-3 (4-3)T

长江白鲟的邮票

53

近年来，在媒体上不时地出现美国拆除一些水坝的新闻。这是否意味着水电已经过时了？

一些反对我国发展水电的人认为，美国等发达国家已经进入"拆坝时期"，也就是废弃和拆除了一些以前兴建的水电站，因此，中国不应该发展已经过时的水电。**这种逻辑明显是错误的。**

仔细研究那些被拆除的水坝，我们会发现它们通常是老旧的小型水利工程。由于以前技术有限或者考虑欠周，这样的水坝并未达到预期的功能和效果，已经没有保留的必要，所以需要拆除，以保证其他一些更为科学合理的水利工程正常运转。这就像我们会拆除老旧的房屋，重新开发地块，建造更好的楼宇一样。

正在拆除中的美国埃尔瓦水坝

54

我国的地势西高东低，全国主要河流均自西向东流，水量丰沛，落差巨大，这就形成了可用于开发的水利资源。

截至2015年底，我国的水电装机容量为3.19亿千瓦，约占全国全口径发电设备容量的21.2%；水电站年发电量1.1万亿千瓦时，约占全年发电总量的19.6%。

虽然水电约占我国发电总量的五分之一，但是这样的规模还远远不够。

雅鲁藏布江

直到今天，我国的大部分电能还是依靠火力发电产生，火电主要使用的燃料是煤炭。作为化石燃料的煤炭，尽管储量丰富，但毕竟是不可再生的资源，而且燃煤发电会产生大量的污染。

我国有丰富的水能资源，是大自然的馈赠。我国的水能资源的理论蕴藏量高达 6.8 亿千瓦，其中有 3.8 亿千瓦可供开发。

火力发电站

我国丰富的水资源大多分布在西南、中南和西北地区，尤其在西南地区，水资源丰富。

历史上，这些水资源有相当一部分处于"沉睡"的状态。

因为在人口密集的地区开发水能，需要顾虑建造水库可能造成的损失；而在深山峡谷中开发水能，建造水坝又会面临很多难题。我国的现状是人多地少，所以还要避免产生水库与人"争地"的矛盾。

随着科技水平的发展，我们已经拥有足够的技术实力，可以在水能资源丰富却人迹罕至的区域，特别是西南地区的一些大河上修建水电站。

开发这些远离繁华地带的水能资源，并且减少工程和水电站运行对生态环境的破坏，已经成为我国缓解能源危机的关键。

就说位于四川凉山彝族自治州的锦屏一级水电站吧！这座水电站是为开发雅砻（lóng）江的水能而建造的。它的总装机容量为360万千瓦，大约是长江三峡工程的1/6。这座电站有一项自己的世界纪录，那就是它的混凝土双曲拱坝高达305米，是世界上最高的双曲拱坝！

中国"基建狂魔"的名号，果然名不虚传！

锦屏一级水电站

事实上，从20世纪70年代开始，我国就在着手规划开发利用水能资源的方案，列出10个重点建设的水电基地。

1989年，对这个方案进行修订，并增补了东北地区和黄河中游北干流2个水电基地，确立了今天我们知道的"十二大"水电基地的宏大格局。

怒江水电基地的加入使"十二大"变成了"十三大"，它是这个行列的新成员。

通过这些基地所处的位置，可以知道我国的水能资源在哪里更为富集，也可以了解国家发展水电的战略决策，感受大国建设的风采。**30年来，我国正是根据这张蓝图，结合国家对电力资源的需求，分阶段、有目标、有重点地发展水电。**

每个水电基地都是一座大型的水利枢纽，包括一系列水电站和其他设施。

目前，除了刚刚开始开发的怒江水电基地，已有的12个水电基地规划的总装机容量为21047.25万千瓦，年发电量为9945.06亿千瓦时。

其中，已经建成和在建的水电站的总装机容量为 3083.59 万千瓦，年发电量为 1308.75 亿千瓦时，分别占各基地总装机容量和年发电量的 14.65% 和 13.16%。

这就是说，建设水电基地的漫漫征程，才刚刚开始。

下面，就让我们去领略这十三大水电基地的风采吧！

金沙江水电基地·四川

长江上游自青海玉树至四川宜宾这一段，称为金沙江。从长江的发源地通天河，直到宜宾，这条中国最重要的大河，会出现高达 5280 米的惊人落差。再加上流量巨大的江水，这一段长江蕴含着可观的水能资源。

金沙江

如果从通天河算起到宜宾，这一段长江蕴含的水能可以达到 1.13 亿千瓦。不过，考虑到青藏高原生态脆弱，以及气候不佳又难以运输材料，我们可以选择只开发从玉树到宜宾的水能资源。但仅从玉树算起，江水中蕴藏的水能也可以达到 5551 万千瓦。

这一段落差为 3280 米的长江，被划分为 18 个梯级，使水能达到均衡的分配和利用。其中，从云南石鼓到四川宜宾这一段的装机容量将占84%，成为中国最大的水电基地。

在这个水电基地里，最重要的水电站要数四川的二滩水电站。它是我国在20世纪建成的最大水电站，总装机容量330万千瓦，年发电量170亿千瓦时。

二滩水电站

 雅砻江水电基地·四川

雅砻江是金沙江最大的支流。雅砻江的干流全长1500多千米，落差高达3180米，干流蕴含的水能资源高达3400万千瓦。

为了更有效地利用这条大河的水能资源，它的整条河道被划分成32个梯级。著名的锦屏水电站，就位于雅砻江上。

雅砻江

大渡河以水急河宽闻名，飞夺泸定桥是大渡河上发生的最激动人心的故事。这条大河是岷江的最大支流，全长1062千米，从河源至河口天然落差为4175米，因此蕴藏着3132万千瓦的水能资源。

更重要的是，大渡河水能资源最丰富的区域，与成都、重庆这两个特大城市的距离都不远。所以，开发大渡河的水能资源，有助于为西南地区众多的人口和工业、矿业提供充足且便宜的动力。大渡河的整条河道被划分成16个梯级，其中的龚嘴水电站，已经按照"高坝设计，低坝施工"的要求建成了。

大渡河

泸定桥

龚嘴水电站

全长 1037 千米的乌江，是长江上游右岸最大的一条支流。它的流域面积达 87920 平方千米，几乎相当于我国国土面积的百分之一。乌江的落差是 2124 米，蕴藏着 1043 万千瓦的水能，仅仅干流部分就有 580 万千瓦的巨大水能。

峡谷中的乌江

乌江是一条非常适合开发水电的大河，因为它沿岸的地质条件相当出色，适合建造水坝，而且江水里只有很少的沙子，对电站造成的负担很小。工程人员为乌江设计了 11 级的开发方案。贵州的洪家渡水电站是 11 个水电站中的"龙头"，它可以控制流向下游的水量，使所有的电站都能发挥出最佳的作用。

更重要的是，在乌江的流域范围里，有大量的矿产资源，比如煤、铝、磷、锰、汞……简直是一座资源宝库！

水电站发出来的电，有相当一部分会直接用于当地工业生产，不会白白浪费在高压输电的损耗上。

洪家渡水电站

长江上游水电基地

　　长江上除了三峡和葛洲坝，还有其他很多著名的大型水电站。从四川宜宾到湖北宜昌，这一段长 1040 千米的长江，又被称为川江。川江

1920 年川江上纤夫拉纤的老照片

是交通要道，但险滩多，行船不便，因此在历史上诞生了纤夫这一职业。船只遇到险滩，就要靠众多纤夫齐心合力，将船拉过去。但是三峡大坝修好之后，川江水位上涨，险滩就不存

在了，纤夫也退出了历史舞台。

　　长江由宜宾至奉节，穿过四川盆地，两岸丘陵与平原台地相间，有良好的枢纽坝址。从奉节至宜昌，是著名的三峡

三峡水电站卫星图片

河谷，两岸峭壁耸立，江面狭窄，有不少可供修建高坝的坝址。

　　这一段长江拟建石硼、朱杨溪、小南海、三峡、葛洲坝 5 座水电站。现在，伟大的三峡工程，让全世界记住了这里！

葛洲坝水电站卫星图片

让我们一路向南，到珠江去看一看。这里的红水河，可是中国的水电"富矿"之一。

"珠江"其实是一组河流的统称，这是一个发源于云贵高原，由西江、北江、东江，以及珠江三角洲上的各条河流汇聚而成的复合水系。

红水河就是珠江水系中的西江上游的干流。它的上源南盘江在贵州蔗香与北盘江汇合后，称为红水河。南盘江全长 856 千米，总落差却

南盘江

达到 1854 米，其中天生桥至纳贡段河长仅 18.4 千米，落差就高达 184 米。而红水河全长 659 千米，落差也有 254 米。因此，这里蕴藏的水能资源，可以为电能紧缺的华南地区提供充足的能源。这一段河水被划分

天生桥水电站

为 10 级进行开发，著名的天生桥水电站，就是位于南盘江上的一座两级水电站。

发源于青海省的澜沧江，是一条著名的跨境河流。它的境外部分，就是滋养东南亚的湄公河。

在中国境内的澜沧江，全长有2354千米，落差则有5000米，蕴藏着约3656万千瓦的水能资源。

中国将澜沧江干流划分成14个梯级。这些电站不仅能够满足整个云南的用电需求，还可以向电能紧缺的广东输送电力。

云南被称为"有色金属王国"，在云南已发现各类矿产150多种，探明储量的矿产就有92种，锌、石墨、锡、镉、铟、铊和青石棉储量位居全国第一。这些矿产，都需要充足的电能供应才可以顺利开采。所以说，用上澜沧江的水电，才能让这些矿产好挖又好炼，从而为社会发展造福。

澜沧江

龙羊峡水电站

黄河是我们中华民族的母亲河，这条大河上的水利资源十分丰富。黄河上游的龙羊峡到青铜峡这一段，全长 918 千米，总落差 1442 米，蕴藏着约 1133 万千瓦的水能资源。虽然龙羊峡附近并不缺煤炭，但只满足于烧煤发电，不仅污染严重，而且煤总有一天会烧完。所以，开发这里的水能，可以让水电和火电相互补充。高峰时段共同效力，平峰时段优先利用清洁的水能，枯水期时则运用水电和火电，这才是最好的能源策略。

这一段黄河河道被划分成 16 个梯级。著名的刘家峡、李家峡、青铜峡、龙羊峡等水电站，都分布在这个区域里。在这里狂暴的黄河水，被转化成了稳定、可靠的电能。

龙羊峡主厂房

龙羊峡—青铜峡河段的拉西瓦水电站

 ## 黄河中游水电基地·晋陕峡谷

　　黄河的中游,从托克托到禹门口(龙门)的"托龙段",也同样不缺乏水能资源。这一段河道是黄河干流中著名的晋陕峡谷,非常适合建造高坝和大型水库。

　　黄河"托龙段"的长度有 725 千米,落差却有 600 米。这一段河道被划分成 8 个梯级,而建在这里的水电站,还承担着一项重要任务,那就是拦截一部分泥沙,减轻下游三门峡水库的负担。

晋陕峡谷

　　三门峡水库这座曾经是全国骄傲的水电站,如今可是不时为泥沙所苦啊!

湘西水电基地·湖南

很难想象，湖南西部的沅（yuán）水、澧（lǐ）水和资水流域竟然蕴藏着1000万千瓦的水能，其中湖南境内就有896万千瓦之多。所以对这些河流的梯级开发很有价值，特别是湖南和周边省份的人口密度相当大，对电能需求旺盛。

沅水干流和支流的水能资源蕴藏量达538万千瓦，被分为7级进行开发。澧水和资水的水能资源蕴藏量也不容小觑。目前，这个水电基地范围内已经建成的水电站，总装机容量为286万千瓦。接下来的开发工作引人注目。

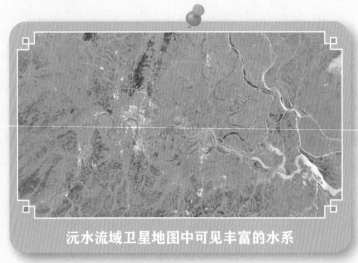

沅水流域卫星地图中可见丰富的水系

闽、浙、赣水电基地

新中国成立后的第一座水电站就建在浙江的新安江。这座水电站建成之后，库区因风景秀美而闻名海内外——这就是千岛湖。

68

千岛湖风光

新安江水电站

　　新安江水电站是我国开发福建、浙江和江西的水能资源的缩影。这3个南方省份水能资源的理论蕴藏量大约是2330万千瓦，可能开发的装机容量约为1680万千瓦，是很可观的水利资源。

　　福建境内山脉纵横，溪流密布，雨量丰沛，河流坡降也比较大。这意味着它拥有丰富的水能资源，理论蕴藏量为1046万千瓦，可开发装机容量有705万千瓦，其中60％以上集中在闽江水系。浙江的水能资源理论蕴藏量为606万千瓦，可开发装机容量有466万千瓦，境内的水系以钱塘江为最大。江西的能源比较缺乏，但山多河多，水能资源理论蕴藏量大约有682万千瓦，可开发装机容量有511万千瓦，相当一部分集中在贯穿省份中部的赣江。

　　对这些人口稠密的省份来说，对本地水能资源的开发意味着缓解能源危机，并且可减少远程输电带来的能源损耗。

69

东北是一片不缺矿产资源的沃土，石油、煤炭、铁矿，应有尽有。相比之下，东北的水能资源似乎不如西南那么多，但也是一笔有待开发的财富。

东北水电基地的规划总装机容量为1131.55万千瓦。它包括了这片黑土地上的几条著名的大河——黑龙江、牡丹江、西流松花江、鸭绿江和嫩江。

西流松花江是指松花江的南源。松花江这条时常被人们提起的河流，有南北两个源头。北源的嫩江发源于大兴安岭伊勒呼里山；南源则是松花江的正源，发源于长白山的天池。

黑龙江丰满水电站

丰满水电站位于西流松花江上，在吉林市郊外。在它修建时，已是亚洲最大的水电站。新中国成立之后，第二套人民币中5角纸币上的水电站的原型就是丰满水电站，它也是中国唯一出现在人民币上的水电站。

进入21世纪，年老的丰满水电站进行了改造与重建工程。2018年底，建成于日本占据时期的旧坝结束了其历史使命，并在2019年5

月 20 日按照计划拆除了一部分，形成一个可供松花江水流过的豁口。位于下游 120 米处的新坝则同时投入运行。此后，旧坝上保留的一部分机组会与新坝上部署的机组共同执行发电任务，形成"一址两坝"的奇观。

怒江水电基地·西藏

当时间进入 21 世纪，怒江蕴含的水能财富越来越引起人们的关注。与已经得到不同程度开发的十二大水电基地相比，怒江流域几乎是一片有待建设的"处女地"。

如果从技术层面考虑开发的可行性，怒江蕴藏的水能资源，在水电基地中可以排在第六位，更何况，这些资源几乎都在沉睡中。

目前，这个基地只有装机容量为 360 万千瓦的松塔水电站正在兴建，有可能在怒江上兴建的其他水电站，都在论证或是筹建阶段。所以，这个水电基地在未来的表现很值得期待。

怒江松塔水电站

巍巍群山，江河川流不息，就这样被一座又一座的水电站延迟了奔腾的脚步，不再能轻易发怒，淹没两岸的土地，而且还贡献出了巨大的能量。

雄伟的大坝包围成的库区，不仅可以调节小气候，而且形成了优美的生态环境，在这里自然与人类和谐共处。

每一座水电站的建设周期，少则三五年，多则八九年甚至十数年，水利工作者和建设者用一辈子的心血可能仅仅建成两三座水电站，他们兢兢业业，奋战在野外，毕生心血凝结成的是电表上的一个个数字。

想看更多让孩子着迷的科普小知识吗？
★ 活泼生动的科技能源百科
★ 有趣易懂的科普小知识

看到那些高耸在峡谷中的水电站，我们感受到时代脉搏在向远方输电的电缆上跳动。伟大的时代才有伟大的建设。伟大的建设来源于千万人的辛勤劳动！向伟大的建设者们致敬！

在前面的介绍中，我们知道大江大河带来了源源不断的水能。水有这么强大的力量，那么覆盖着全球表面积71%的海洋，不是蕴含了更巨大的能源吗？

是的，海水中的能量更为巨大，而且类型多样，关键是我们能否认识并取得它。

潮汐能是海水周期性涨落运动中所具有的能量。因为地球和月亮之间的万有引力，地球上海水的高度在不断发生变化，这种变化中就蕴藏着巨大的能量。

在涨潮的过程中，汹涌而来的海水具有很大的动能，随着海水水位的升高，海水的巨大动能转化为势能。

在落潮的过程中，海水奔腾而去，水位逐渐降低，势能又转化为动能。

水位差所蕴含的势能，与潮水流动所蕴含的动能，构成了潮汐能。

根据海洋学家计算，世界上潮汐能发电的资源量在10亿千瓦以上，这是一个很可观的数值。一般来说，平均潮差在3米以上就有实际应用价值。

潮汐能是一种绝无污染、永远存在的可再生能源。

在海水的各种运动中，潮汐特别"守信"，最有规律性，我们可以对世界上任何地方的潮汐进行准确的预报。所以，时至今日，在对各种海洋能的利用中，对潮汐能的利用是最成熟的。

我国杭州湾的"钱塘大潮"，潮差达到9米。如果在钱塘江口建500万千瓦的潮汐电站，年发电量就能达到180多亿千瓦时，相当于10个新安江水电站的发电能力！

在长江口北支建80万千瓦的潮汐电站，其年发电量为23亿千瓦时，接近新安江和富春江水电站的发电总量。

传统的潮汐能发电系统都安装在水下，通过水下涡轮机将机械能转化成电能。电能经过电瓶进行稳定后，再输送到陆地上的电网。

潮汐

钱塘大潮

潮汐能电站主要有3种架构。

第一种是单库单向电站，也就是只用一个水库，只能在涨潮或落潮时发电，浙江温岭的沙山潮汐电站就是这种类型。

第二种是单库双向电站，也就是只用一个水库，但在涨潮与落潮时均可发电，平潮时不能发电，广东东莞的镇口潮汐电站和浙江温岭的江厦潮汐电站，都是这种类型。

第三种是双库双向电站，也就是用两个相邻的水库，使一个水库在涨潮时进水，另一个水库在落潮时放水，这样前一个水库的水位总会比后一个水库的水位高。将水轮发电机组放在两个水库之间的隔坝内，因为两个水库始终保持着水位差，所以电站能全天发电。

建在浙江茅蜓岛上的海山潮汐电站，就是典型的双库双向电站。那些从陆地输电不方便的孤立海岛，很适合通过潮汐电站来得到稳定的电能供应。

目前，世界上规模最大的潮汐发电站位于法国朗斯，1966年建成。它装有24台具有能正反向发电能力的灯泡式发电机组，转轮直径为5.35米，单机容量为1万千瓦，年发电量达5.4亿千瓦时。

1984年建成的加拿大安纳波利斯潮汐电站，装有1台容量为2万千瓦的单向水轮机组，转轮直径达到了7.6米，发电机转子设在水轮机叶片外缘，采用了当时先进的密封技术，冷却快，效率高，造价比法国灯泡式机组低了15%，维修也很方便。

我国第一座双向潮汐电站是位于浙江的江厦潮汐试验电站。虽然它建成于1980年，但时至今日仍然是世界上比较先进的潮汐发电站之一，也是亚洲规模最大的潮汐发电站。

2014 年，江厦潮汐电站进行了技术更新。**新投运的 1 号机组，是世界上首次成功研发的三叶片六工况双向高效运行的新型潮汐发电机组。**

技术更新后换下来的老 1 号机组，则是我国自行设计、自行制造、自行安装的第一台双向潮汐发电机组，在当时填补了国内的空白，如今成为珍贵的科技史文物。

江厦潮汐试验电站

除了潮汐，大海中还蕴含着巨大的能源，那就是波浪能。

我们都知道，风越疾，浪越高。大浪滔天时，即使万吨巨轮也会随之摇摆，小一点的船甚至会被波浪掀翻，这是多大的能量啊！

风是引起水面波动的主要外界因素。

当风掠过海面时，海水表面因为受到空气的摩擦力和在大气压力的作用下产生动荡。

一般来说，风力达到 10 级以上时，波浪的高度可达 12 米，相当于 4 层楼的高度，有些时候甚至可以达到 15 米以上。

海上常见的六七级风，它掀起的波浪有 3～6 米高。

波浪能是海洋表面所具有的动能和势能的总和，因而能量巨大。

在一些极端的情况下，比如台风产生的巨浪，每一米宽度的波浪中蕴含的能量就可以达到数千千瓦。**波浪能可是海洋能中质量最好的能源，能量转化装置也相对简单。**

所有的波浪能发电系统，都可以大体分为能量采集系统和能量转化系统两部分。采集系统首先"抓住"波浪能，再将它们转化为机械能，最后转化为电能。

尽管波浪能看上去能源密度低，但是储藏量很大，因此有着巨大的可供开发的总量。

特别是在需要大量电能取暖的冬天，可以利用的波浪能恰好是最多的，所以波浪能是能源需求的很好补充。分布广泛的波浪能，可以成为海上偏远地区的上佳能量来源。

从20世纪70年代中期起，英国、日本、挪威等波浪能资源丰富的国家就大力研究开发波浪能，并将其作为解决未来能源问题的重要一环。

我国的波浪能资源也很可观，近海海域波浪能的蕴含量可以达到1.5亿千瓦，可开发利用量为2300万～3500万千瓦。

目前，在汕尾和青岛，都建有发电功率达到100千瓦的波浪能电站。

如果能充分利用海浪的动能，世界能源供应的前景将会非常乐观，人们就可以不必有关于能源枯竭的忧患。

多个浮力摆组成的波浪能发电站

除了波浪能和潮汐能，海洋中还有一些往往被忽视的能量形态。海水温度差异带来的温差能，就是一种很容易被遗忘的能源。

蠹鱼字典

比 热 容

冷水怎么能变成热水？不管是用电磁炉、微波炉还是煤气，都需要给水加热，冷水吸收了热量才会升温；热水放久后，热量散发出去，热水就变成了冷水。不仅仅是水，任何一个物体都是如此，吸收热量温度升高，散发热量温度降低。物体的这种散热和吸热的能力，在物理学上称为比热容，简称比热。比热越大，物体吸热或散热的能力就越强。

水的比热大，也就是说水温上升吸收的热能或者下降释放的热能都比较大。**这个特性决定了全世界的海洋是一个巨大的吸热体。**

太阳辐射到地球表面的热能，有很大一部分被海水吸收，而且被长期储存在海水的上层。

受太阳能加热的表层海水的温度较高，如波斯湾和红海的海面水温可达 35 ℃；而在水下 500～1000 米的地方，海水温度只有 3～6 ℃。

即使在同一片海域里，深海和浅海的水温也是不一样的。热量可以自发地从高温物体传向低温物体，这种热传递意味着能量的流动。计算表明，如果将墨西哥湾暖流中蕴含的能量提取出来，这一能量相当于美国在 1980 年用电总量的 75 倍！

这就是海洋温差能。

早在 1881 年，法国的生物物理学家阿松瓦尔就提出了利用海洋温差发电的设想。1926 年，法国科学院建立了一个温差发电站演示模型，证实了阿松瓦尔的设想。

开发海洋温差能意味着有相当一部分能源会被浪费在抽取深层海水方面。

不过尽管如此，因为海洋温差能或者说太阳能取之不竭，这样的转化仍然是合算的。

更何况，将富有营养的深层海水抽到海洋表面，可使人类得到有利于渔业发展的"副产品"。

1930 年，法国就在古巴附近的海上建造了世界上第一座利用海水温差运转的发电站。1979 年，美国在夏威夷群岛建成了第一座发电量大于机组自身消耗的海水温差发电站。不仅如此，开发墨西哥湾暖流中蕴含的能量，也是美国海洋能产业的远大目标。

海水具有腐蚀性，而且海水中生活着不少生物，因此如何让终年浸泡在海水里的发电设备不被腐蚀，也不被海洋生物的活动所污损，是开发海洋温差能的一大难关。

正因如此，海洋温差能的开发实际上是一项技术含量很高的产业。人类需要付出更多的努力才能激活这种沉睡的能源。

海水温差发电站

我国拥有 18000 千米漫长的海岸线和庞大的海域，开发海洋能有得天独厚的优势，可开发利用量达 10 亿千瓦量级。

海洋能不仅包括海水本身运动所具有的动能和势能，还包括海水温度差、盐度差、海面风能和太阳能等形式的能量。

◄◄◄ 想看更多让孩子着迷的科普小知识吗？
★ 活泼生动的科技能源百科
★ 有趣易懂的科普小知识

由此可见，海洋能取之不尽，用之不竭，是没有污染的绿色可再生能源。

我国是一个岛屿众多的国家，这些岛屿大多远离陆地，因而缺少能源供应。

据不完全统计，有人居住的岛屿有450多个，能源短缺严重制约了当地的经济发展和人民生活水平的提高。

我国的海岸线风光

西沙群岛

特别是西沙群岛、南沙群岛等远离大陆的岛屿，它们依靠大陆供应能源，因供应线过长，有诸多不便，影响国防建设。所以，大力发展海洋能源迫在眉睫。

我国在海洋能源的开发方面还有许多工作要做。

要想建一座海上城市而且完全自给自足，要解决的问题成千上万。但简化起来主要有能源、食物、饮水、通信以及垃圾废物处理这几大类。**能源排在第一位。**

有了能源，可以淡化海水，可以进行海洋养殖、温室无土栽培，可以建立无线卫星通信，可以无公害处理垃圾并使之循环利用。

海上城市一旦有充足、形式多样的海洋能源供给，那时就完全不需要陆地供给，居民们就能过上舒适的生活。

现在，建造这样的海上城市还是梦想。

海上城市设想图1

在我们生活的这个星球上，随着全球人口的不断增长，陆地上人与资源的矛盾越来越突出。因此，寻求在海上定居的可能性，乃至建立自给自足的居民点，成为一种非常有吸引力的选择。

世界上已经有不少人有在海上居住的经历，比如石油钻井平台工人、科考团队和守卫海疆的军人。

虽然他们会竭尽所能解决一部分能源乃至日常生活所需物资的需求，但仍然需要来自陆地的补给。

这些海洋上的居民点仍然被一根来自陆地的"脐带"所羁绊。

在科幻世界里，即使有技术的加持，在海上栖居依然不是足够美妙的体验。在法国科幻大师儒勒·凡尔纳的笔下，顶级富豪聚居的机器岛，拥有由技术和金钱营造出来的乌托邦式的生活，却依然无法完全和陆地断绝联系。在巡游世界各地的过程中，机器岛不断卷入陆地上的纷争。最终，在德高望重的岛主席被野蛮人杀死后，机器岛也随着权贵间的纷争而分崩离析。

《海底两万里》中的"鹦鹉螺"号潜艇，则是另一种乌托邦。凭借尼摩船长的知识和潜艇极高的科技含量，"鹦鹉螺"号使尼摩船长和同伴们几乎完全避免与陆地接触，不仅在潜艇的范围里淘汰了货币，所有的食物、能源和其他生活资料也都从大海中获取。但这个狭小的海底"居民点"同样是难以持续的，因为任何技术都无法对抗衰老。没有新人补充进来，"鹦鹉螺"号最终随着尼摩船长和其他船员走向老迈、故去而丧失了活力，最终在一座火山岛之下同这个世界告别。

"鹦鹉螺"号潜艇模型

　　不过，科技是在加速发展的。今天的人类，已经在很多个技术领域超过了凡尔纳或是同时代的科幻作者们最为大胆的想象。那么，今天更为进步的技术是否有可能让人类在海上建起自给自足的城市，或者至少是居民点，并且在其中长时间居住呢？

不可否认，海洋与陆地的环境有很多不同。

海水无法直接饮用，必须经过淡化处理；海上的风浪和海水的腐蚀性，是对海上建筑物坚固程度的考验；海上难以耕作，必须考虑通过海洋生物获取生活所需的食物等资源；海洋"与世隔绝"的特点，也意味着海上居民点需要对逃生问题有更多的考虑……

真正意义上的海上居民点，乃至海洋城市的建立，有赖于多种先进技术的融合。 不过，其中一部分技术，比如利用海洋能、太阳能发电技术，大规模海水淡化技术，海洋生物的养殖技术，以及研发更坚固、更轻盈、更耐腐蚀的新材料技术，都已经逐渐走向成熟。

人类能够建成海上城市所需的技术基础，现在看来已经越来越坚实。

近几年，设计能够在海上自给自足的建筑或建筑群，已经成为一些建筑学竞赛的题目或组成部分。

现在看来，在全球变暖的趋势尚可遏制，沿海城市暂时没有毁灭之虞的情况下，除了科研机构和采矿企业，第一批海上居民点更有可能是一些意在营造独特体验的度假区。

凭借模仿睡莲等水生植物的仿生学结构，以及出色的资源循环设计，这些度假区可以为住客提供不同于陆地的居住和娱乐体验。

一艘大型豪华游轮承载的人员以及它的资源消耗规模，其实已经和一座小城镇相当。**这意味着以人类现有的技术，能支撑大量人口在远离陆地的地方长期生活。**

等到技术成熟，更大规模的海上居民点便有可能在科研、矿业建筑和度假区域的基础上发展起来。

还有另一种可能，就是基于这些成熟的技术，兴建起位于海上的新居民区，从而缓解陆地上的人口压力。

海上城市设想图2

在一些科幻作品中，作者设想将城市修建到海底，目前看来还属于空想。

91

水压是潜入海底面临的最大挑战；水下居民点和前往陆地的交通工具的接驳，在巨大的水压下会成为难以克服的薄弱环节。

以人类目前的技术，最多只能在近海的大陆架上建造能容纳几名潜水员的"水下帐篷"。

尽管海底有着丰富的资源，但建立成规模的海底居民点，或许要等到抵抗水压和获取能源的技术都有更进一步发展之后，才有可能成为现实。相比之下，在海面上建城市，听起来是可以实现的目标。

海底城市设想图

我们很难确定，第一座能够自给自足、无须陆地"输血"的海上城市，会在什么时候在哪里诞生。但比起太空移民、星际殖民，海洋城市更有可能成为现实。在海上定居不是为了宣示人类征服了大自然，而是为了减轻人类给陆地环境造成的负担，从此翻开人与自然和谐相处的新篇章。

阿龙&蠡鱼：如果去海上城市生活，你们喜欢吗？